学院派设计
零基础学裁剪

帕森斯设计学院巴黎分院
一起缝纫12种服饰

〔法〕帕森斯设计学院巴黎分院 / 编著

黄星月　张孝宠　李盈盈 / 译

上海科学技术出版社

帕森斯设计学院巴黎分院

1896 年成立的美国帕森斯设计学院于 1921 年在巴黎开设了一个分院。学院提供负有盛名的装饰艺术、建筑、舞台装置艺术，服装设计等课程。伊迪丝·华顿（Edith Wharton 美国小说家、设计师，1862—1937）和艾尔西·德·沃尔夫（Elsie de Wolfe 美国室内设计师、演员、作家，1865—1950）也曾是这里的学生。

1939 年，巴黎分院关闭后于 1948 年重新开放，接收了来自世界各地的众多学生。1970 年，帕森斯和 The New School 合并。The New School 成立于 1919 年，是一所由一群卓越的文化人创办，专注于社会科学以及舞台艺术的大学。

帕森斯设计学院巴黎分院把美式设计的传承和欧洲大学的感性融合在一起。提倡自由与规范的平衡，以鼓励独立思考和创作，以及两者的相辅相成。这样的教学方式为思辨和实验创造了空间，并给学生们提供了在行业内美誉度较高的实习机会。

通过重视自审，解决问题以及探索实验性研究进程，学生们可在开发其创造性想法的同时，培养合理和可持续的方案以应对当下时尚产业所面临的挑战。

这本书，既是真实合作项目的产物，又是美式创造与法式风格相结合的一个实例。作为一个集合不同水平的视觉传播课程，本书集合了一些在校的学生与《嘉人》杂志的编辑们一同工作的成果。他们需要为一个读者设计容易实现的都市潮流系列。创作过程始于一些初步的草图，以及围绕一个年轻巴黎女人寻找优雅又现代的单品这一主题展开。每件单品都要独一无二并且可以适应不同的风格和搭配。

目 录

材料

本书中的款式是比较独特的。并不需要非常高超的缝纫技术。这些设计学院的学生们需要遵从一个准则：为没有缝纫基础的大众创作款式。

因此您不会遇到特别困难的地方：没有门襟、纽扣、复杂的锁边，取而代之的是拉链，漂亮的结扣，松紧带等。

要制成这些款式，您需要在大规格纸上复制这些图样。只需要有记号笔、量尺、剪刀的缝纫包。

缝裁通常从制版开始。根据您将要缝制的衣料来选择打板布的厚度。薄的打板布适用于棉布，特别厚的打板布可以用作大衣和外套。您可以看看图样尺寸是否合适自己，如果您希望略作调整（通常在长度上根据自己的喜好或是体形调节连衣裙或裤子的长短），这样可以避免浪费衣料。

您需要有：

- 一台缝纫机

机器提供的针脚越是多样，您就可以给款式带来更多可能。要选择坚固耐用的马达，以便您能缝制厚实的布料，如牛仔、皮料以及厚毛毡。有些新式机器还可以缝制弹性织物或针织料，是制衣真正如虎添翼的好帮手。

需要的工具也十分基本，在您的缝纫工具盒里需要有：

- 一些纱线卷筒，与衣料、棉线、涤纶线相配
- 一些定位针和磁铁，便于快速操作
- 一些缝衣针，精细缝纫用的细针，应对如皮料这样有厚度衣料的粗针
- 一枚顶针，对于皮料的缝制不可或缺
- 裁缝粉笔，用于在织物上标记裁剪位置，衣褶和折边

- 一把优质缝纫剪刀，通常称为裁缝剪
- 一把线剪，实用于快速拆线和剪线
- 一把缝纫划布滚轮，用于按纸样切割衣料
- 缝纫量尺
- 一枚大尺寸安全别针

怎样阅读一份裁剪图

首先参考右下边的尺寸表。了解并知道自己对应的尺寸。每件剪裁图包含 1 cm 的拼接缝份。在一张纸上描出符合您尺寸的制衣图。这样可以保存完好的原始制衣图样。

沿划线裁剪复制出的纸质制衣样板。顺着布料纹理的方向将纸质样板放在布料上。

对于那些标注"中间对折"的半边裁片，需要对折布料并以布料丝缕为参考对齐。这样你就会得到一块完美对称的裁片。

尺寸表（单位：cm）
所有图样裁片都有对应的 36 码，38 码，40 码和 42 码。裁片包括 1 cm 拼接缝份。

尺寸	36 码	38 码	40 码	42 码	您的三围
胸围	84	88	92	96	
腰围	64	68	72	76	
臀围	89	93	97	101	

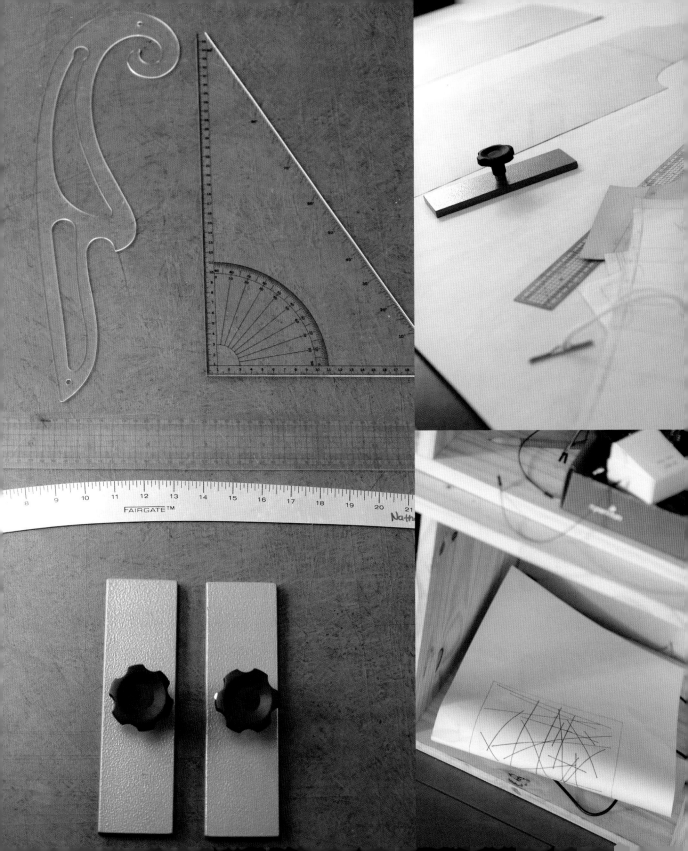

日式折纸风格上衣

对传统日本折纸艺术技法的利用，启发出许多的创作想法。

超大折叠衣领立马使这件衬衫呈现引人注目的轮廓。

由布料的性质可以得到两种不同的效果：

使用厚棉布或者亚麻布，有类折纸效果；

使用轻混纺棉布，会有更加轻盈的空气效果。

项目 1: 日式折纸风上衣 /Erica 爱丽卡

3 个剪裁图 * 图纸 A 面 * 裁剪图包含 1 cm 拼接缝份

材料用具

100 cm × 140 cm 米白色厚棉布 * 缝纫箱 * 缝纫机

1
在纸上根据您的尺寸绘制裁剪图，剪下不同的裁片。

沿着布料丝缕将每个裁片放在布料上。

裁剪布料：

–1 个上衣的前后片

–1 个领子

–2 个袖子

在裁片上用水溶性裁缝记号笔标记出褶皱位置（从 1 到 3 以及字母）。

2 **· 制作领子**

将领子放在领口，对齐。方形缝合领圈。并在四个角上做剪刀口。

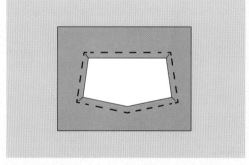

将领子翻至领口反面。熨烫以固定位置。

3 **· 制作衣袖**

将每片袖子的四个边向反面翻折 1 cm。用熨斗标记衣折。

沿宽度方向将袖子反面对折，用熨斗标记衣折。

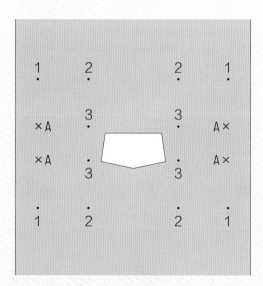

每个裁片交叉锁边。

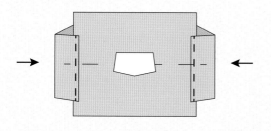

将每只袖子放置前后上衣片的袖笼弧，注意和肩线相匹配。然后粗缝。
用单缝车缝袖子。

4 ● 制作肩部衣褶

在缝衣针上穿上双线。打一个死结套。在上衣背面，将纱线缝入 1 针，然后再 1 针反面穿出，然后缝入第 2 针并原位穿出，然后缝入第 3 针并原位穿出。拉动缝线固定上衣。锁线以保持衣褶。

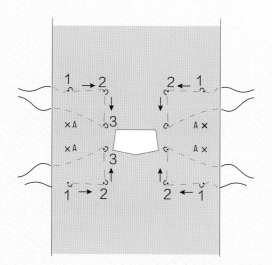

如此准备肩部的四个褶（前面 2 个，背面 2 个）再次在缝衣针上穿上双线。

在正面将纱线缝入背面的 A 位并原位穿出，然后缝入前面的 A 位后原位穿出。拉动缝线收紧上衣。锁线以保持衣褶。

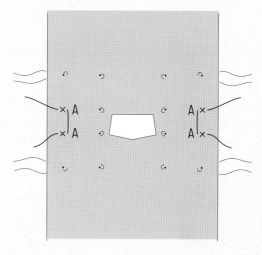

以同样的方法处理另一侧肩部。

5 ● 组装

颠倒顶部，缝合上衣两侧。下摆的边线用紧凑的之字针缝合。

爱丽卡

22 岁

中国人

概括地描述自己的话，我是一个享受并感恩日常生活的人。

我热爱时尚行业的活力！将它视为我生活的一个重要部分：我一直知道自己想要从事设计工作，因为这是表达我感知的最好方式……

作为平时的灵感来源，我喜欢观察地铁里和大街上的人们，并总能发现一些有趣的细节。

创作这件日式折纸风格上衣，我的灵感很大程度来源于建筑物摄影。

未来主义连衣裙

生动的彩色皮质饰片给这件连衣裙带来定制感以及未来主义色彩。
它非常容易制作因为没有衣折，也没有腰身的修饰。

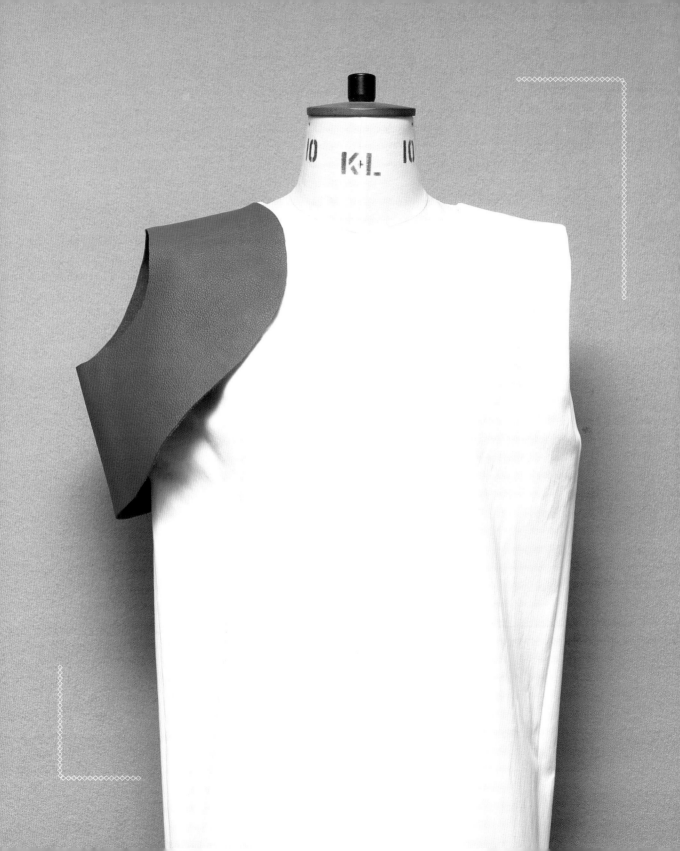

项目 2: 未来主义连衣裙 /Wing 荣

7 个剪裁图 * 图纸 B 面 * 裁剪图包含 1 cm 拼接缝份

材料用具

220 cm×140 cm 白色厚棉布 *60 cm×60 cm 皇家蓝软牛皮 * 一个 18 cm 白色拉链 * 缝纫箱 *
缝纫机

1 在纸上根据您的尺寸重新绘制裁剪图。
剪下裁片。

在白色棉布根据丝缕裁剪:

–1 个前衣片

–2 个后衣片

–2 个袖子正面裁片

–2 个袖子反面裁片

–1 个领子正面裁片

–2 个领子反面裁片

给这些裁片锁边。

裁剪软牛皮:

–1 个饰片

2 将两片背幅正面相对。
然后车缝。注意按图
样上标注留出拉链的
位置不缝。
用熨斗将缝合处展开
熨平。

把裙子前片放置于后片上,正面相对。车缝裙
子两侧缝。接着缝合右侧肩缝。另一侧肩缝暂
时不缝合。

3 •**制作袖口**

右侧袖口:在袖里后片上放置袖
里前片。完整缝合一整圈。

左侧袖口:在袖里后片上放置袖里前片。仅缝
合下方形成一个宽条带。

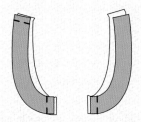

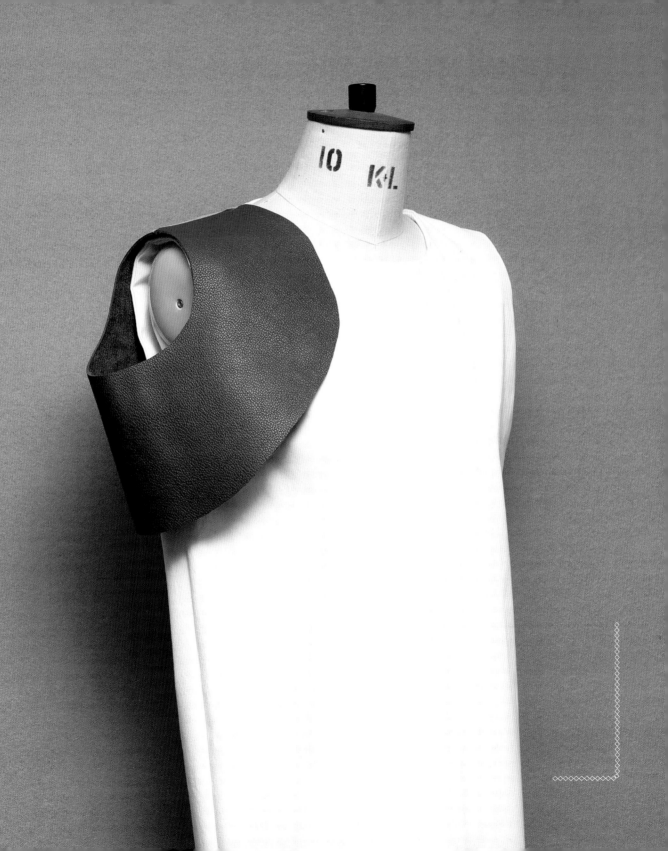

把袖里对齐放在袖窿，然后车缝。

开弧形切口。

向反面翻折。熨烫定型。在接缝处画一个不明显的记号以标识定型位置。

4 · 制作领子

将背面的领里和前面领里正面相对放置，形成一条领里宽条带。然后车缝。将领里放在领口位置，对齐后车缝。

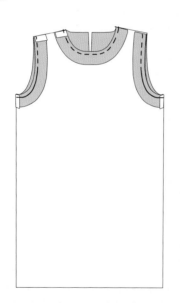

5 · 裙摆边

试穿裙子。标记裙摆边。将裙子下摆边向裙子反面翻折。平针车边。

6 · 最后工序

正面相对折叠皮料装饰片。在连衣裙肩缝夹入装饰片一并车缝肩缝，边座及饰片。

如果皮料太厚您将无法这样缝合。则不加皮片先缝合肩缝。

将饰片两边 10 cm 的长度各裁掉 1 cm（拼接缝份毛边）。边线对齐手工缝合饰片。然后将此饰片放在肩部。手工缝合。

荣

25 岁
来自中国香港的中国人

我认为自己是一个比较轻松随意的人，但是我在画草图的时候会变得异常认真！

我喜欢用颜色表现一些细节，并且日常生活中的各种"形态"会激发我很多的灵感。

我一直有成为时尚创造者的梦想。我希望看见人们穿着我的创作变得更美更自信。

从零开始为这本书创作款式是一个非常棒的经历。这个过程中我们遇到并解决了很多的问题，这离不开老师们给予的支持，感谢他们！

创作这样一件连衣裙的想法是因为我想要一件简单并且容易实现的单品，同时又非常时髦。最重要的是穿着这条裙子的女孩会让人感觉清新可爱。

有着跳跃色彩的环形装饰是这件单品唯一有强烈视觉效果的细节。

至于如何搭配，这取决于您的着装风格。您可以搭配高跟鞋外出，也可以配匡威球鞋！

佩戴一些饰品会使整体造型更加出彩哦。

毛毡大衣

这件大衣的特别之处在于它的设计：
前面的领子也是这件大衣的门襟。
这件单品的剪裁也非同一般：
裁片不是以常规的方式缝合而是裁片边缘重叠缝合。
这样可以避免过多的不雅致重叠部分。
请选择不易松散的毛毡面料。

项目 3: 毛毡大衣 /Joanna 乔安娜

5 个剪裁图 * 图纸 A 面 * 裁剪图包含 1 cm 缝份

材料用具

315 cm × 140 cm 的深绿色反面栗色毛毡布料 *4 个大尺寸金属圈扣眼 [1] 缝纫箱 * 缝纫机

[1] 金属圈扣眼的尺寸取决于您安置的位置。

1 按布料的丝绺裁剪：

-2 个前衣片

-1 个对折的后衣片

-2 个袖子裁片

-1 个领子裁片

-2 个口袋片

2 • **安嵌金属圈扣眼**

金属圈扣眼的安嵌可以找专业制衣（一般在做窗帘的柜台），您也可以租一套组装设备自己安嵌。

在左右前衣片做好标记的位置安嵌两个金属圈扣眼。

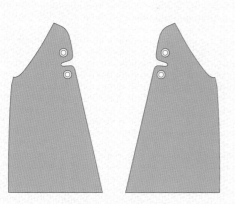

3 • **衣褶的处理**

准备前衣片上的衣褶，车缝。向大衣下方翻折这些衣褶。

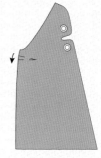

处理衣袖上的大衣褶。车缝。剪去衣片的折褶部分，以免局部过厚，展开熨平。

4 • **制作大衣口袋**

按照裁片上标记的口袋位置在衣服正面放置口袋片。先粗缝，然后沿弧形虚线车缝。

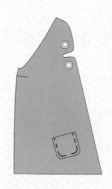

5

制作衣袖

袖头的接缝较为原始。袖子不采用正面相对缝合的方式装在衣袖窿上。而采用重叠的方式以避免局部过厚。

将袖子正面放在衣片的正面。将袖管对准前衣片袖窿底部,袖管顶部对应图样上的标记。

大衣正幅的顶部即是衣领的一部分。

车缝。

以同样的方法装配和缝上另一只袖子。

6

安装衣领

将大衣领子装缝线对准领口弧线。这里也采用重叠式缝合。车缝。

把衣领放在大衣正幅顶部。重叠后车缝。

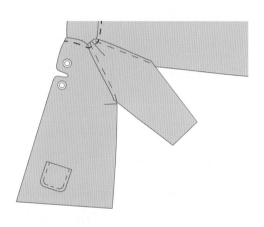

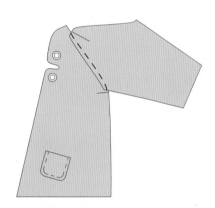

将袖子背面放在大衣背幅。车缝。

7

衣袖收口

翻转大衣。

把两片前幅放在大衣背幅上。正面相对折叠每只袖子。用单缝线车缝手腕处直到衣袖底部。

熨开缝线。

8

组装大衣

沿侧面将大衣前后叠起来。车缝。部分缝纫机会太小以至于不能组装所有的侧边。

如果是这样的情况，以正面相对的方式组装这些侧边并熨开缝线。

9

最后工序

这件大衣的下摆处，袖口，前襟和衣领都保留原裁边（不锁边也不折边）。

乔安娜

20 岁
美国人

我是一个安静又活泼的人。有时候人们说我像一个卡通人物一样奇特。

时尚的发展受到人们的生活和社会的影响而发生变化。抱着对艺术、设计以及环保的热爱，我希望为时尚业的道德和可持续发展尽一份力。我喜欢用创造性的方式开动大脑并动手，以手工和细节追求美。

我经常思考人和科技以及自然的关系。也会受到创造新事物的人们的启发，可以是科学发现或者社群关系：所有能联合人们并让世界更美好的事物。

我喜欢穿着一件宽松的大衣和被它所包裹的感觉，所以想要创作这样一件又酷又抽象的大衣。作为搭配，我会选择戴一个巨大的太阳镜，穿贴身的下装。

其他的就由你决定啦！

拼色连衣裙

这条裙子有两种穿法：

前"v"字形领，较为朴素端庄。

晚上把"v"字形领反过来穿在背面，会更有趣味！

冬天您还可以内搭高领衫。

项目 4: 拼色连衣裙 / Ruben 鲁本

3 个剪裁图 * 图纸 A 面 * 剪裁图包含接缝缝份，因为这条连衣裙的组装比较独特所以没有拼接的余量。

材料用具

80 cm × 140 cm 原色真丝绉绸 *80 cm × 140 cm 黑色真丝绉绸 * 一卷黑色缝线 * 缝纫箱 * 缝纫机

1
在纸上根据您的尺寸复制裁剪图。
剪下裁片。
根据丝绺在白色棉布上裁剪：
-2 个前片
-2 个后片
-2 个口袋片，一个黑色，一个原色
所有裁片用黑线缝边让这条裙子与众不同。

3
• **组装连衣裙**
将两个前衣片正面相对叠放，沿裙中线车缝。(▸3)。
将两个后衣片正面相对叠放，沿裙中线车缝。(▸4)。

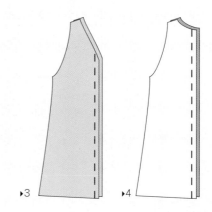

2
• **制作口袋**
将未锁边的黑色口袋片放在原色面上，粗缝口袋。然后离边缘 3 mm 的位置车缝口袋。(▸1)。
以同样的方式将原色口袋片放在黑色后衣片上，车缝口袋。(▸2)。

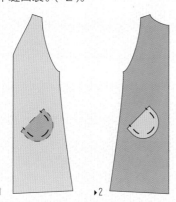

将前片对齐叠放在后片上，车缝肩缝以及两侧边。

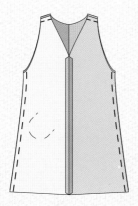

缝合锁边。

● 最后工序

4

在离领口和袖口边缘 0.3 cm 处扎明线，然后沿距离第一道明线 0.5 cm 处再扎第二道以制作一个双明线装饰效果。

连衣裙下摆保留原始裁边。

沿距离下摆缘 0.5 cm 的位置车缝一圈漂亮的明线来突出连衣裙的下摆。

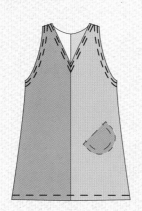

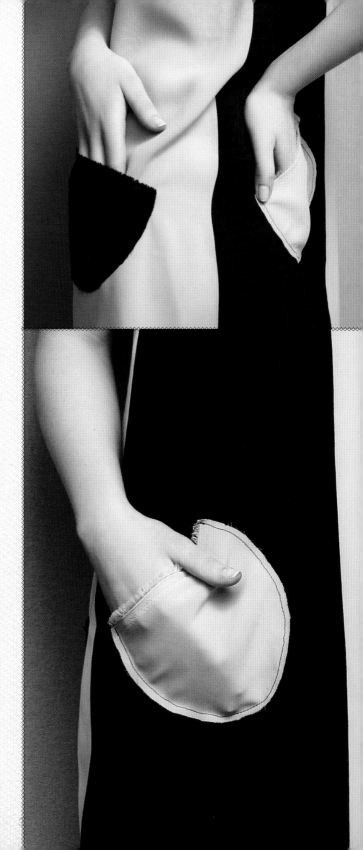

鲁本

20 岁
比利时人

要我描述自己:"Exulansis"(不存在的单词,自造)- 当找不到一个真正的单词来形容您尝试解释的东西,仅用言语来表达是相当无趣的。我认为比起言语,我的作品更能表达和展示自我!

从记事起,我一直想当一个艺术家,并且认为时尚在我的创造之旅中变得至关重要。对我来说,成为时尚设计师意味着人们会穿戴着我的创作,我的思想,我的世界观。

我的灵感很多时候都来源于我的家庭,它鼓励我坚持自己的热情。

设计这条连衣裙是为了展现平面、光滑、舒适、现代以及优雅美。它可以两面穿没有正面反面之分:选择更适合当下场合的一面穿着即可。它既可以比较正式又能有休闲感,这样的连衣裙总是很受欢迎。

N°5

皮制手拿包

这个皮制手拿包基于矩形设计，
可以被裁剪成任何尺寸。
装饰片带来视觉冲击的同时也能巧妙关闭手拿包。
您还可以选择带明显缝线的工艺。

项目 5: 皮制手拿包 /Julieta 茱莉塔

1 个装饰片剪裁图 * 图纸 B 面

材料用具

40 cm×82 cm 具有一定厚度的蓝色柔软皮料 *30 cm×40 cm 具有一定厚度的橙色柔软皮料 * 缝纫箱 * 缝纫机

1
用蓝色皮料裁剪一个 40 cm×82 cm 的长方形。
在纸上以实际尺寸复制橙色装饰片。
并在橙色皮料上照图纸剪裁。
用粉笔标记橙色装饰片的缝线位置。

2
将橙色饰片放在剪裁好的长方形蓝色皮料上。部分的橙色饰片会超出长方形皮料。车缝。

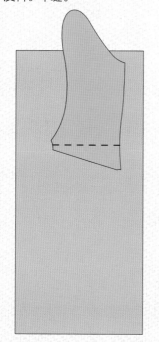

3
将蓝色长方形皮料正面相对对折。
距边缘 1 cm 处车缝侧边。
裁去底部缝角。

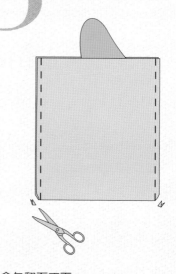

将手拿包翻至正面。
手拿包顶部向下折叠即可闭合。而饰片的重量则作为包的搭扣。

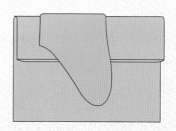

茉莉塔

19 岁

哥伦比亚 / 美国人

我将自己看作是一个具有丰富艺术学识和时尚专业技能的艺术家。

我的好奇心旺盛，总是不畏惧挑战。

从很小的时候开始，服饰就在我生活中占据重要地位。

在孩童时期妈妈会给我做非常美丽的裙子。我学习素描、油画和雕塑，随后我决定专攻时尚，这能让我更好地表达我的艺术理念。

我热爱这个行业的最大原因是：时尚不仅可以改变外表也可以通过服饰变换个性。

我受艺术史、哲学、科技，以及其他领域的影响！

时常被这个世界以及寻求突破的人们所启发。

服饰的制作和穿搭是一种自我创意的表达。

一件由您自己制作的衣服会比在商店买来的更珍贵。

您必定会带着自豪感来珍爱和穿戴它！

告诉朋友们这是您自己做的并且鼓励他们也来一起尝试动手做衣吧！

N°6

牛仔外套

这件牛仔外套有正面和背面巧妙的设计和剪裁。
结合了切割以及原创断口，使得这件外套无与伦比！

项目 6: 牛仔外套 /Julieta 茉莉塔

12 个剪裁图 * 图纸 B 面 * 裁剪图包含 1 cm 缝份

材料用具

如果您选择采用一种布料: 200 cm × 140 cm 的牛仔布料。若您想用 2 种布料: 160 cm × 140 cm 的深色牛仔布料以及 80 cm × 140 cm 的浅色牛仔布料 * 缝纫箱 * 缝纫机

1 这件外套的制作可以使用牛仔布的正反两面。可以选择正反面颜色对比明显的牛仔布料。或者直接选用深浅不同的两种牛仔布。

在纸上根据您的尺寸复制图样。

剪下不同的裁片。这个过程中需要核对正反面。

将图纸放在布料上, 按布料的丝缕裁剪。

- 2 个正面衣片

- 2 个上袖罩

- 2 个袖管

- 1 个贴边

- 2 个前门襟衬里

- 2 个前门襟贴边

- 2 个 1 号背面嵌衣片

- 1 个 1 号背面主衣片

- 2 个 2 号背面主衣片

- 2 个 2 号背面嵌衣片

- 2 个 3 号背面主衣片

- 2 个 3 号背面嵌衣片

背面的主衣片由牛仔布反面剪裁而成, 颜色较浅。

将图纸上的标记转注到裁片上。

用密拷的方法给所有裁片锁边。

2 • **背面的拼接**

背面由 11 个正反面裁片交替拼接组合而成。

将裁片放在面前, 平铺放置主衣片和嵌衣片。

按照顺序和标记组装衣片, 然后车缝。

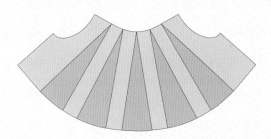

3 • **组装前面和后面**

将前面衣片放在背面上, 正面相对, 缝合肩缝。

4 • 制作衣袖

将上袖罩裁片底部向反面翻折 1 cm。
熨烫以维持衣折，然后在距边缘
0.3 cm 处车缝。

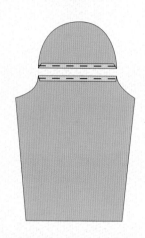

同法，将下袖管裁片顶部向反面翻折 1 cm。
熨烫后在距边缘 0.3 cm 处车缝。
将上袖罩和下袖管边对边对齐。粗缝这两截
衣袖。

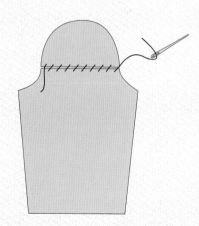

将袖口向反面翻折 1 cm。车缝袖边。

5 • 组装衣袖

将袖头放在袖窿上方，正面相对。以
1 cm 缝份缝合。

6 • 制作衣襟

将两片衣襟沿背中线正面相对，
车缝。

将前门襟和外套衣体按照弧形放置，正面相对。
以单缝车缝前侧和领弧。

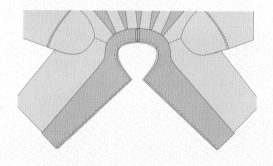

裁去弧边和尖角。
将前门襟翻至外套反面。

7

● **缝合外套**

将外套前面衣片放在背面衣片上，正面相对。对折衣袖。

用单缝从袖口到外套底边车缝每一侧。

拆去上袖罩和下袖管之间的粗缝线。

8

● **制作下摆边**

将下摆边正对放置，缝合成一个长条。

将下摆边条带正面相对放在外套底部。缝合下摆边。向内侧翻转下摆。

在内侧衬里处用几个针脚固定住下摆边。

茱莉塔

19 岁

哥伦比亚 / 美国人

这件作品，我想要呈现心中的经典牛仔外套。我决定在背面加上一些不同颜色的拼接以带来更多的剪影轮廓感。这个拼色外观可以仅用一种牛仔布料的正反面来实现。

别忘了赋予这件外套您自己的个性。

您可以采用中等厚度的布料并且尝试不同的印花及颜色。

布料和颜色的选择由您做主：这件外套就会完美地契合您的风格！

N°7

针织连衣裙

原创的拼接以及松紧带
的使用给这条连衣裙解构感。

项目 7: 针织连衣裙 /Julieta 茉莉塔

2 个剪裁图 * 图纸 B 面 * 裁剪图包含 1 cm 缝份

材料用具

260 cm × 140 cm 的针织布料 *70 cm 长 3 cm 宽的松紧带 * 缝纫箱 * 缝纫机

注：这条针织连衣裙用家用缝纫机缝合。如果你有包缝机，可以包缝这条裙子。但记得在组装松紧带以及侧边的第二道缝合时卸除切刀。

您将裙子平铺处理，并在放置松紧带后完成组装。

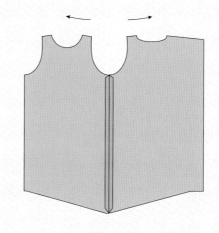

1
在纸上按照您的尺寸复制剪裁图。

剪出纸裁片。

依照剪裁图指示在布料上裁剪：

–1 个前面衣片

–1 个后面衣片

用织布剪裁：

–2 个 5 cm × 30 cm 的条带

–1 个 5 cm × 20 cm 的条带

2 • 拼接

将后面衣片放在前衣片上。缝合 100 cm 的那一侧。用缝纫机缝合针织品：用细针，设置为针织布料走针，或者默认的之字交叉针脚处理。

您也可以选择使用包缝机。设置为 3 线或 4 线缝合，开启切刀功能，差动 1 档，3 档。

3 • 制作松紧带槽

将针织布带每一边都向内折进 1 cm，用熨斗标记折痕。

将布带放在剪裁图标记的位置。粗缝让布带维持位置。车缝上下两个边。（包缝机的设置，3 线缝

合，差动 1 档，3 档，关闭切刀）。

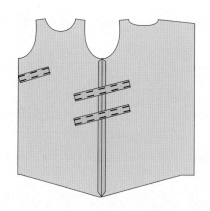

用一个安全别针将一条松紧带插入刚制作好的
松紧带槽。将松紧的一端订在松紧带槽的一
端。拉伸松紧带。钉上松紧的另外一端。

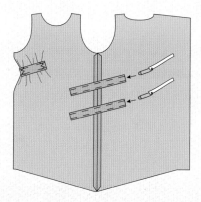

裁掉多余的松紧带。钉上别针，用垂直于松紧
带两端的方式缝合以便给夹紧杆留出通道。
以适合针织布料的走针或者之字交叉针车缝松
紧带的两端。往返缝合。
如果使用包缝来组装，关闭切刀以免剪坏裙
子。考虑粗缝然后取下别针。
安装三条松紧带。

4 ● 最后的组装

裙子仍是反面朝上。

将前片衣片翻折到背面衣片上
对齐。然后车缝标记着"背后
缝线"。用适合针织布料的走
针或者之字交叉针车缝。如果使用包缝机，
用 3 线或 4 线缝合并关闭切刀以免剪坏侧边。

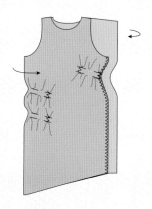

将前面衣片放在背面衣片上，正面相对。于距
边缘 1 cm 处车缝肩部。

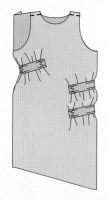

领圈，袖口以及底边都保留原始裁边，不需要
作其他处理。

茉莉塔

19 岁

哥伦比亚 / 美国人

这件衣服，我通过采用松紧带给布料增添一些褶皱。这个简单有效的技巧能使裙子呈现有趣的轮廓。

这个创作类似某种绒绣：您可以按自己的喜好增减褶皱和决定放置松紧带的位置！

你同样可以选择不同宽窄的松紧带以达到您期待的视觉效果。

让您的创意自由驰骋吧！

皮制背包

这个包难道是一个未来伟大的创作者所设计的吗？

毫无疑问答案是肯定的。

使用不规则的亮黄色皮料拼添在规整的黑色皮革上。

视觉效果是惊人的。

项目 8: 皮制背包 /Alexander 亚历山大

2 个剪裁图 * 图纸 A 面 * 裁剪图包含 1 cm 缝份

材料用具

27 cm×98 cm 的黑色皮料 *30 cm×90 cm 的亮黄色软皮 *20 cm×140 cm 的黑色缎料 * 缝纫箱 * 缝纫机

1 在纸上复制剪裁图。

剪出纸裁片。

依照剪裁图指示在黑色皮料上裁剪：

－1 个包身裁片　　－1 个前面的口袋裁片

用亮黄色软皮剪裁：

－2 条 15 cm×90 cm 非常不规则的背带

用黑色缎料剪裁：

－2 个 16 cm×25 cm 的长方形用于制作背包侧面：

－1 个 17 cm×40 cm 的长方形用于制作背包内袋

2 将包身放置在平坦的桌面上。将口袋放在剪裁图标注的包身相应位置上。可以先用胶带固定好口袋的位置。然后以距离口袋边缘 0.3 cm 的距离缝合。

3 • **内袋的制作**

将长方形内袋布料锁边。然后对折并车缝两侧。

将内袋放在皮包里侧。只需将内袋的一边缝在皮包里侧上。

4 • **制作侧面缎面风琴褶**

将两片缎面翻折 0.2 cm 的缝边然后再向反面翻折 0.4 cm。熨烫固定并缝边。

沿着长方形缎面的长边穿两条褶皱线。拉皱
到底。

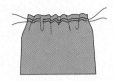

在包身皮料反面以风琴褶为中心放置缎片，
将风琴褶缎片缝在皮包前侧，再将风琴褶的
部分缝在包的底部，继续向上将另一侧风琴
褶缎片缝在包身背侧。

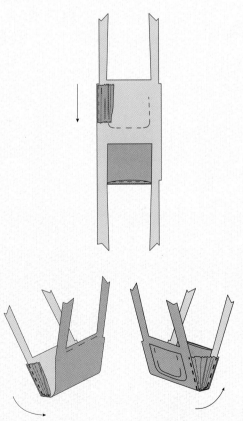

5 将包的提手部分放在亮黄色皮
背带的两端。然后调节合适的
肩带长度。
以斜向走针缝合肩带。注
意黑色提手部分在亮黄软
皮的上方。

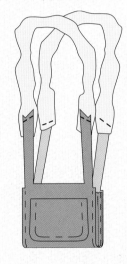

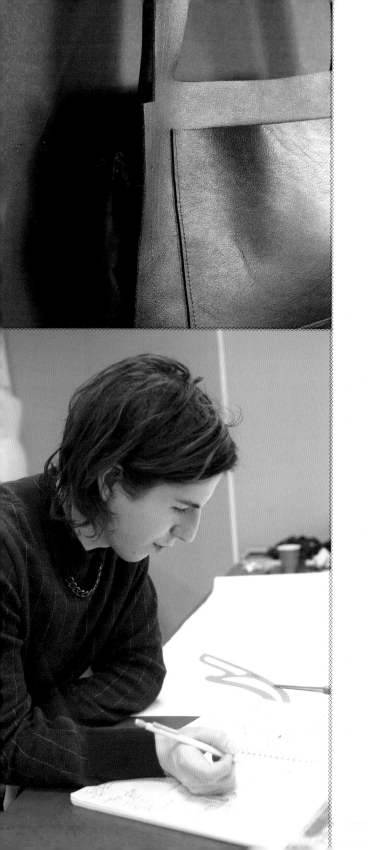

亚历山大

20 岁
美国人

我会把自己描绘成一个忠实，坚定并且雄心勃勃
的人：

毕竟我可是金牛座的！

我一直被时尚的世界所吸引并伴随着对时尚的不断
认知而成长。我的哥哥是一个真正的创意人所以我
小的时候就从艺术和设计方面汲取灵感。我热爱时
尚，因为它让我展示最好的一面并且时常带来变化
和乐趣！

朋友和家人给予我很多的灵感。

N°9

解构主义衬衫

这件衬衫像传统衬衫一样制作。

在衣身、袖子以及衣领下方加三个装饰以增添设计感。

这件衬衫可做成女款或者男款，

只需要在颜色的选择和钉纽扣的方向上做一些变化即可。

项目 9: 解构主义衬衫 /Alexander 亚历山大

7 个剪裁图 * 图纸 B 面 * 裁剪图包含 1 cm 缝份

材料用具

100 cm×140 cm 的黄色府绸布料 *100 cm×140 cm 的原色府绸布料 *40 cm×140 cm 的黑色府绸布料 *40 cm 原色斜裁布条 *6 对按扣 * 缝纫箱 * 缝纫机

1 在纸上复制剪裁图。

剪出纸裁片。

依照剪裁图指示在黄色府绸布料上裁剪:

–1 个背面衣片

–2 个前面衣片

–2 个袖子裁片

用原色府绸布料裁剪:

–2 个领子裁片

–1 个完整的前襟裁片

–1 个较短的前襟裁片

用黑色府绸布料裁剪:

–4 个袖口裁片

–1 个假领裁片

2 • **制作衬衫衣身**

将两个前片跟背面衣片平铺摆放，正面相对，车缝肩部。熨开缝份。

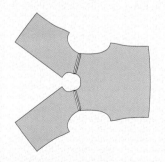

跟惯常做法不同，这里的肩线应该在衬衫的正面。

3 • **制作衣袖**

袖口:

向反面翻折每一条折线。熨烫标记折痕。

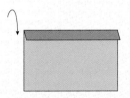

袖口两两正面相对叠放在一起。车缝剪裁图标记的三条边。裁去边角，将袖口翻到正面。熨烫。

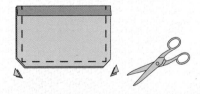

将衣袖底部套进袖口。先粗缝将袖子底部固定在袖口里，然后车缝。

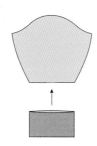

将衬衫展开平铺，把袖子顶部放在袖笼处，然后正面相对缝合。
熨开缝线。

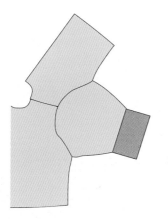

4 • 制作衣领

正面相对叠放两片衣领，将其缝合。注意不要缝合标注"衣领底部"的那条边线。裁去边角。

将衣领翻到正面，熨烫平整。

5 • 衣领的剪接

将领子正面相对放在衬衫衣领的位置。先粗缝。然后将镶边放在上方，别针定位。在距离边缘 1 厘米处缝合领子，领口和镶边。

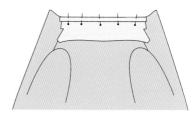

将镶边折向缝线处，以平针手缝来隐藏缝线。在每一端做一个褶子用来调整镶边。

6 • 衬衫的拼接

将衬衫前后叠放，折叠袖子。
以单缝缝合袖子和侧边。从黑色袖口上方开始缝以便保留散开的袖口。
给缝线锁边（图 1）。
给衬衫前门襟锁边（图 2）。

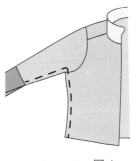 

图 1　　　　　图 2

向反面翻折 1 cm。熨烫翻折后车缝。

将衬衫下摆向反面翻折 0.5 cm，熨烫。然后再翻折 1 cm。熨烫平之后并缝边。

用水性裁缝笔在距前门襟边缘 4 cm 处画一条线。这将作为装缝前门襟饰边的标记。

您可以选择用缝纫机前针车缝或者是手工缝合。

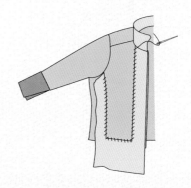

沿衬衫左边安装较长的第二条前门襟。

在衬衫正面缝合。在袖子下方中止缝线。然后折叠前襟。沿衬衫背部继续缝合。

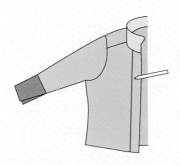

7 • 制作和安装前门襟

用紧凑的之字缝合前门襟。

沿折线向反面翻折 1 cm。裁去边角。

熨烫固定翻折。

沿衬衫垂直方向安装前门襟。

根据水性笔的标记在衬衫前门襟处安装前襟。

粗缝定位。

8 • 制作和安装衣领饰边

依照剪裁图标记，将衣领饰边的三条边都向反面翻折 1 cm。熨烫以维持衣折。

将饰边的第四条边用紧凑的之字缝合。沿衣领底座安装领子，饰边将遮住衣领座。

用平针将饰边手工缝在衣领座上。保留底边不缝。

9 • 最后工序

在衬衫前门襟处安装按扣。

可供选择：您可以将袖子顶部略微往肩膀上提。缝一针固定让袖子鼓起来。

亚历山大

20 岁
美国人

这件单品的设计灵感直接来源于我的绘画，可以定义为用宽而抽象的线条、区块和色彩所构成。我想要这件衬衫看起来像是由不同衣服组合而成的。

衬衫完全符合个性化定制：布料和颜色的选择带有经典的感觉。您可以使用一种布料，增添一些印花带出您的个人风格。您也可以按照自己的喜好剪切装饰开心玩穿搭！

这件衬衫可以内搭也可以和您衣柜里最搭的元素组合起来叠穿。

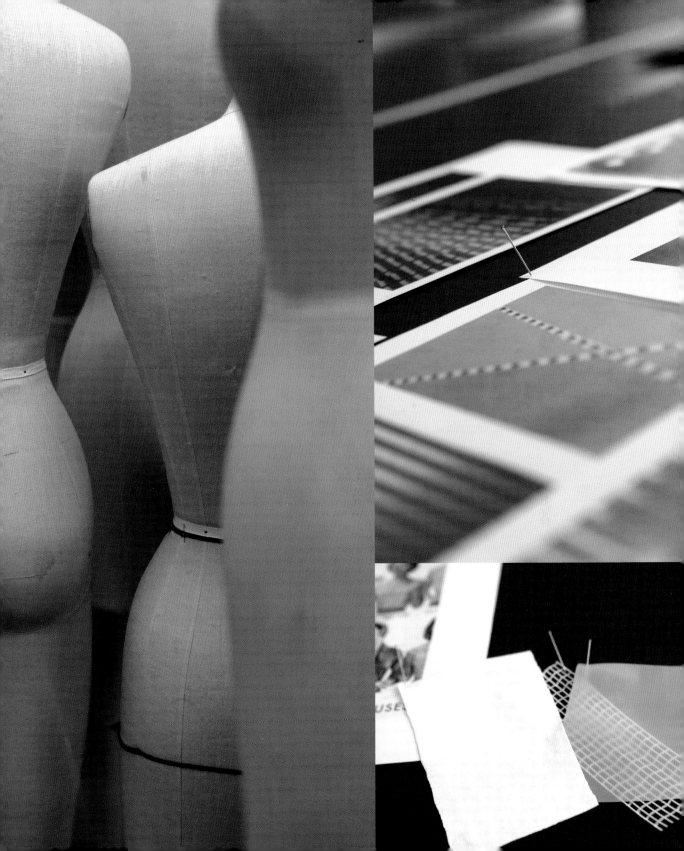

铅笔裙

这条有假折装饰条的半裙为贴身设计，
这使它带有一些复古的效果。
如果您不习惯穿贴身款，则可以缝大一码。

项目 10: 铅笔裙 /Yoriko 依子

5 个剪裁图 * 图纸 A 面 * 裁剪图包含 1 cm 缝份 * 包含 5 cm 裙摆边

材料用具

120 cm × 140 cm 的原色厚棉布 * 一条 18 cm 长的拉链 * 缝纫箱 * 缝纫机

1 在纸上按照您的尺寸复制剪裁图。
剪出纸裁片。
依照剪裁图指示在布料上裁剪：
–1 个前面衣片
–2 个背面衣片
–1 个前腰边裁片
–1 个后腰边裁片
–1 条假折装饰带裁片
用水性裁缝笔将衣裥位置和缝线转誊到裁片上。
用密拷给每个裁片锁边。

3 ● **制作假折装饰带**
将装饰带顶端以及两边向反面翻折 1 cm。熨烫定位，然后在距离边缘 0.3 cm 处车缝。

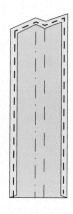

2 ● **制作省裥**
在裙子前后面打出并缝出省裥。
向裙里翻折省裥。然后熨烫。

沿上折叠线翻折向下折叠线以制作前面的平折。

斜着折叠假折带将上折线折到下折线上方。

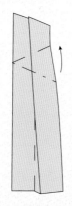

按照剪裁图标记的位置在裙子的正面安装假折
装饰带：折线重叠缝线位置。别针定位，然后
把假折缝好。

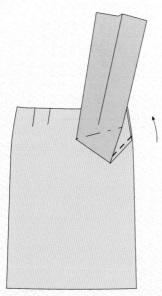

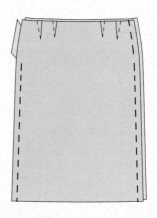

将后腰边放在前腰边上，仅缝合右侧（左侧暂
不缝合以便能穿脱裙子）。

将组合好的腰边条带正面相对放在裙子顶部，
然后将两层腰边车缝于裙子顶部。

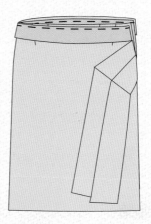

4 • 裙子的拼接

将裙子前面放在后面上方，正面相对。
车缝两边。在裙子左侧留出 18 cm 的拉
链口。假折带的顶部略超出裙身，并会
被夹在拉链上。

5 • 安装拉链

在拉链位置的底部做一个 1 cm 的
凹槽。

在裙里侧拉链和腰边的位置做一个
1 cm 的折边。

然后熨烫。粗缝闭合的拉链以确保两边一致。如果您的缝纫机有能闭合拉链的特殊压脚，安装在机器上可用以缝合打开的拉链。向裙子里侧翻折拉链边，然后熨烫固定。

6 • 下摆卷边

您有两种给裙子下摆做裙边的选择：

一个 5 cm 的裙边已包含在剪裁图里。将裙子下摆边向里折进 5 cm。熨烫后用隐形针缝合。

或是喜欢长一点的版本的话，可以直接用密拷给下摆锁边即可。

依子
23 岁
日本人

我自认是一个忧郁而浪漫的人。成长于多元文化的环境里，但强烈的日本身份仍根植于心，影响着我自然诗意的想象力。

我第一次看 Kenzo（高田贤三）2011 春夏时装秀的时候。就认识到时尚具有真正的叙事能力，并且人们可以沉浸在其所创造的世界里。我喜欢运用非常个人的东西并将它转化为其他人也有认同感的创作过程。而且我非常欣赏布料的美感。

季节的轮转，与朋友们的把酒言欢，观察人群，食物……每一天的日常都能给予我灵感！

我也会受到过去的和现代的独立和有目标的女性影响。我的一些伙伴受到摄影师李·米勒（Lee Miller）的启发，或者是玛琳·黛德丽（Marlene Dietrich），弗里达·卡罗（Frida Kahlo）：她们散发着平静的感觉，但也能从她们的自信里感受到巨大的能量。

我创作里的几何元素是受到索妮娅·德劳内（Sonia Delaunay）作品的启发。我会建议用一件简单没有扣子的白衬衫，绿色或是紫色的修身外套和黑色皮鞋来搭配这条裙子。

裹裤

这条有大扁褶的阔腿裤可以快速缝制，

它非常简单，

没有拉链和纽扣。

腰带的巨大蝴蝶结是它的亮点。

项目 11：裹裤 /Yoriko 依子

2 个剪裁图 * 图纸 A 面 * 裁剪图包含 1 cm 缝份

材料用具

220 cm × 140 cm 的绿色软羊毛布料 *2 个按扣 * 缝纫箱 * 缝纫机

1
在纸上按照您的尺寸复制剪裁图。
剪出纸裁片。
依照剪裁图指示在绿色羊毛料上裁剪：
–2 个裤管裁片
–2 个腰带裁片
用斜裁羊毛料剪裁：
–1 条 6 cm × 8 cm 的布条
在布料上标记折叠线和衣裾。
给布裁片锁边。

2
● **制作背面的裤裾**
缝合背面的裤裾。将每个裤裾向背面
中心翻折熨烫。

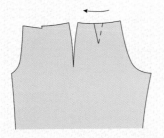

3
● **制作前面的裤褶**
标记前面的褶皱。熨烫保持折痕。
在每个裤褶顶部里侧缝上按扣。裤
褶带来的空间将方便裤子的穿脱。

4
● **制作裤身**
将每条裤管正面相对后对折。
在反面距边缘 1 cm 处缝合裤管。

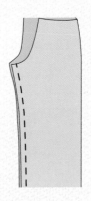

缝合每个裤管顶部。

将一条裤管翻至正面。

将正面裤管插入反面裤管里。让两条裤管正面相对。

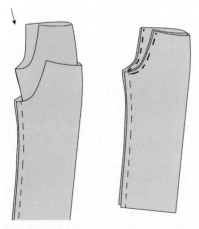

用单缝线缝合裤裆。

5 • **制作腰带**

将两个腰带正面对齐叠放，缝合顶部以及两个前侧。

裁去边角。

翻至正面并熨烫平整。

将腰带装在裤子上部。仅缝合腰带的一层到裤身上。熨烫平整。

在裤子前面腰带未缝合的位置做一个 1 cm 的翻折，然后缝合翻折。

将腰带外层向裤身内侧翻折。然后用平针将腰带手工缝在裤身的反面。

6 • **制作裤袢**

沿横向正面对折 6 cm × 8 cm 的长条布料。缝合时制作一个斜边。

翻至正面。

将斜边对折，并缝在距中缝线 2 cm 的裤身前侧。

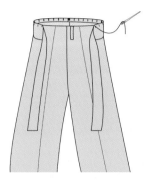

7

● **裤脚卷边**

试穿裤子确定合适的长度。
用裁缝粉笔在裤脚画出卷边位置。
向内侧折进卷边。熨烫平整后用平针缝脚边。

穿这条裤子的时候，展开两个大褶。穿进去之后按下按扣收紧褶皱。将腰带下摆穿入裤衩，然后在前面打一个结正好将裤衩藏在结里面。

依子

23 岁
日本人

这条裹裤可以搭配一件带褶裥的罩衫，或者一件"V"字形领上衣，以及休闲凉鞋或运动鞋，甚至可以搭配一双露趾踝靴！

THE NEW SCHOOL

PARSONS
PARIS

THE NEW SCHOOL

PARSONS
PARIS

BSD

Hand Crafted in England
By
© Kennett & Lindsell Ltd
Romford Essex

N°12

菱形剪裁连衣裙

这条性感的裙子不仅很适合夏日的晚会。

也能内搭紧身毛衣或者翻领毛衣。

项目 12: 菱形剪裁连衣裙 / Yoriko 依子

4 个剪裁图 * 图纸 A 面 * 剪裁图包含接缝缝份，因为这条连衣裙的组装比较独特所以没有拼接的余量。

材料用具

80 cm × 140 cm 浅褐色仿麂皮 *80 cm × 140 cm 褐色仿麂皮 * 缝纫箱 * 缝纫机

注：仿麂皮是一种易于剪裁的布料。
只需剪裁和组装。不需要缝边。也不用做裙边。
要清洗连衣裙的话，干洗是必须的。

然后车缝接缝线。

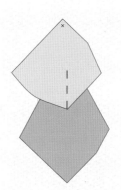
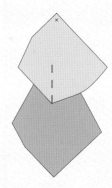

1 在纸上根据您的尺寸复制裁剪图。

剪下裁片。

将裁片排列放置在布料上。

仿麂皮没有纹路和正反面。

用浅色布料剪裁：

–2 个上前片

–2 个下后片

用深色布料剪裁：

–2 个下前片

–2 个上后片

–2 条 2 cm × 30 cm 的带子

用裁缝粉笔在剪裁好的菱形布片上复制标记（接缝线）。

3 • 制作连衣裙背面

将每个上后片放在每个下后片上方。

依照接缝线叠放菱形布片。

然后车缝接缝线。

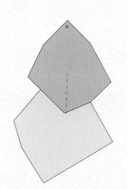
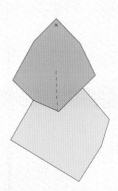

2 • 制作连衣裙前面

将 2 个上前片放在 2 个下前片上方。依照接缝线叠放棱形布片。

4 ● 连衣裙的剪接

反面裙片相对叠放连衣裙前面裙片。

可以看到清楚的接缝线。

纵向车缝缝线。

相对叠放连衣裙的正面和背面裙片。

纵向车缝每侧缝线。

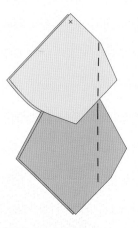

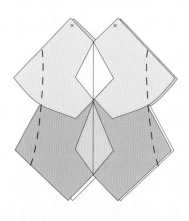

反面相对叠放连衣裙背面裙片。

纵向车缝缝线。

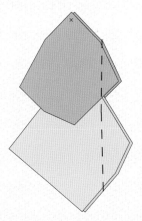

5 ● 制作肩带

在连衣裙裙身顶部标记的位置
安装仿麂皮带子的两端。调
整长度。将肩带的两端缝
在裙身内侧，可以手缝
或者车缝。

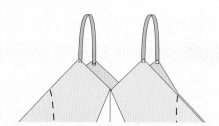

依子

23 岁
日本人

这条裙子可以单穿，

也能搭配下装，如果搭配彩色高跟鞋，

可以考虑蓝色……

作为日常穿搭的话，可以下搭一条较粗犷的直腿

裤，以及内搭一件浅灰色翻领毛衣。

致　谢

THE NEW SCHOOL

PARSONS PARIS

帕森斯设计学院巴黎分院

主任：苏珊·泰勒－勒迪克

时尚计划主任：杰森保罗·麦卡锡

项目协调：永·安德森

感谢所有参与项目的学生：乔安娜·范，久木田依子，荣伊林，茉莉塔·朗多诺，亚历山大·佩菲，爱丽卡·袁，鲁本·扎莫拉－瓦格斯。

扫描二维码可下载纸样

图书在版编目（CIP）数据

学院派设计零基础学裁剪 / 法国帕森斯设计学院巴黎
分院编著；黄星月，张孝宠，李盈盈译 . —上海：上
海科学技术出版社，2019.1
　（我的风尚课程）
ISBN 978-7-5478-4295-9

Ⅰ. ①学⋯　Ⅱ. ①法⋯　②黄⋯　③张⋯　④李⋯
Ⅲ. ①服装量裁　Ⅳ. ① TS941.631

中国版本图书馆 CIP 数据核字（2018）第 296857 号

Mon Cours de Style © 2016 by Éditions Marie Claire–Société d'Information
et de Créations (SIC)

This translation of *Mon Cours de Style* first published in France is published by
arrangement with YouBook Agency, China.

上海市版权局著作权合同登记号　图字：09-2017-276 号

学院派设计
零基础学裁剪

[法] 帕森斯设计学院巴黎分院　编著

黄星月　张孝宠　李盈盈　译

上海世纪出版（集团）有限公司
上 海 科 学 技 术 出 版 社　出版、发行

（上海钦州南路 71 号　邮政编码 200235　www.sstp.cn）

上海盛通时代印刷有限公司印刷

开本 787×1092　1/16　印张 6

字数：200 千字

2019 年 1 月第 1 版　2019 年 1 月第 1 次印刷

ISBN 978-7-5478-4295-9/TS·227

定价：49.80 元

本书如有缺页、错装或坏损等严重质量问题，请向承印厂联系调换